U0876017

编委会

主　编：杜　伟　张　涛

副主编：张纪平　苏文涛　褚鹏程　王　璐

编　委：王丹艺　刘　恒　蔡新雨　岳　明

　　　　郑昊然　张瑞姣　邢国严　和永侠

北京宣传文化引导基金
BEIJING CULTURE GUIDING FUND
北京宣传文化引导基金资助项目

文明之光

中国古代建筑艺术图典

张涛
编著

于继东
绘

北京出版集团
北京出版社

目录

鱼沼飞梁和圣母殿建筑群俯拍图

鱼沼飞梁

鱼沼飞梁位于山西省太原市晋祠内，西依圣母殿，东邻献殿，是介于两座殿宇之间的桥梁，位于方形鱼沼之上。它是中国少有的一种十字桥梁形式，桥面呈十字形，高出地面 1.3 米，东西长 19.6 米，宽 5 米，南北长 19.5 米，宽 3.8 米。该桥建构方式精巧独特，在鱼沼方池中竖立约 30 厘米见方的宋代造型小八角铁青石柱 34 根，石柱础上装饰“复盆式莲瓣”，为北魏原物。石柱上放置大斗，斗上有十字拱相交，柱顶架斗拱与横梁接连，以承托十字形桥面。桥面前后与献殿和圣母殿相接，左右下斜连到沼岸。古人以圆形为池，方形为沼，此沼中多鱼，故取名鱼沼。由于桥面东西宽广，南北下斜如翼，整个造型犹如一只欲展翅飞舞的大鸟，故称飞梁。整座桥被称为鱼沼飞梁。

这座被世人赞叹的十字桥北魏时已建成，距今至少已有 1500 多年的历史。此种造型优美、形制奇特的十字形桥梁，虽然在古籍中早有记载，古画中偶有所见，但目前世界上现存实物，仅有鱼沼飞梁一处，是中国古代十字形桥梁传世之孤例，同时是世界上唯一保存完整的十字形桥，也是当代立交桥的鼻祖，对于研究中国古代桥梁建筑极具价值。

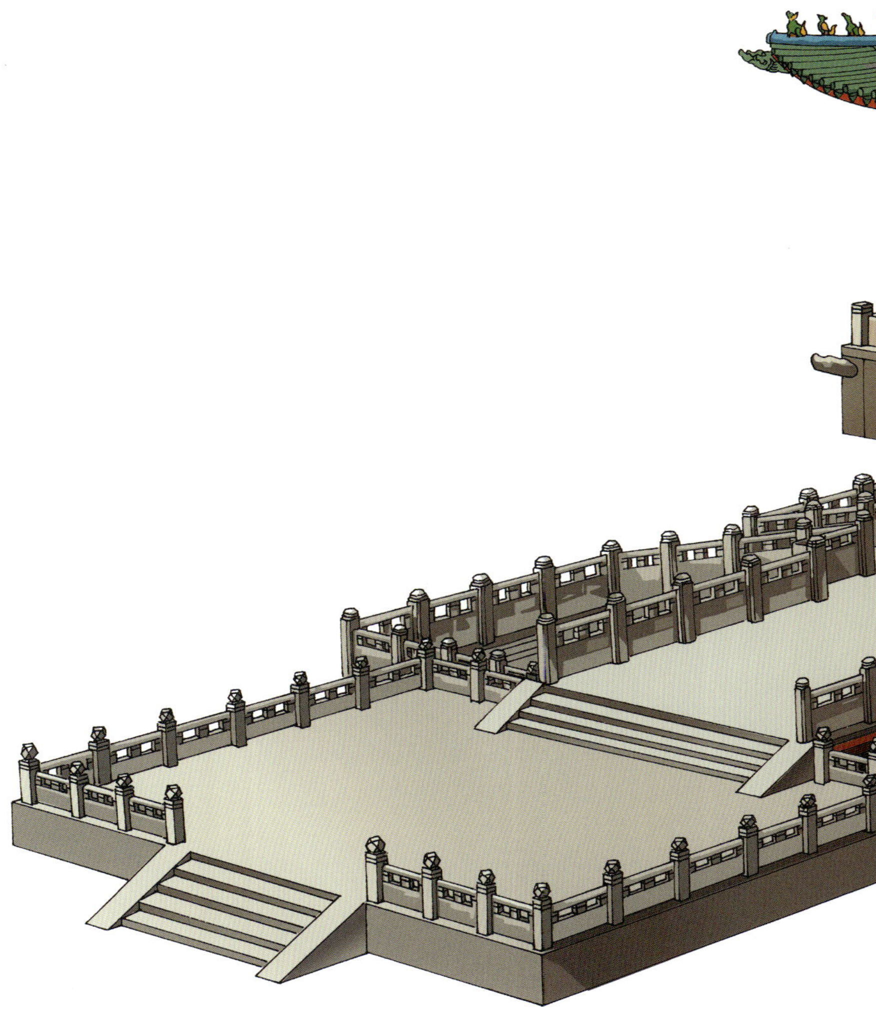

献殿东侧的对越坊创建于明万历四年（1576 年）。为四柱三楼，单檐歇山顶。檐下斗拱密致，纵横交叉，整个造型玲珑剔透，华丽典雅。瓦顶全部用琉璃覆盖，因匾额上书的“对越”二字书法传神而称为“对越坊”，属于功德牌坊

献殿，是陈设祭品之所，建于金大定八年（1168 年）。殿面阔三间，进深二间，单檐歇山顶。明间前后设门，其余都装透空的栅栏，是四面开敞的小殿

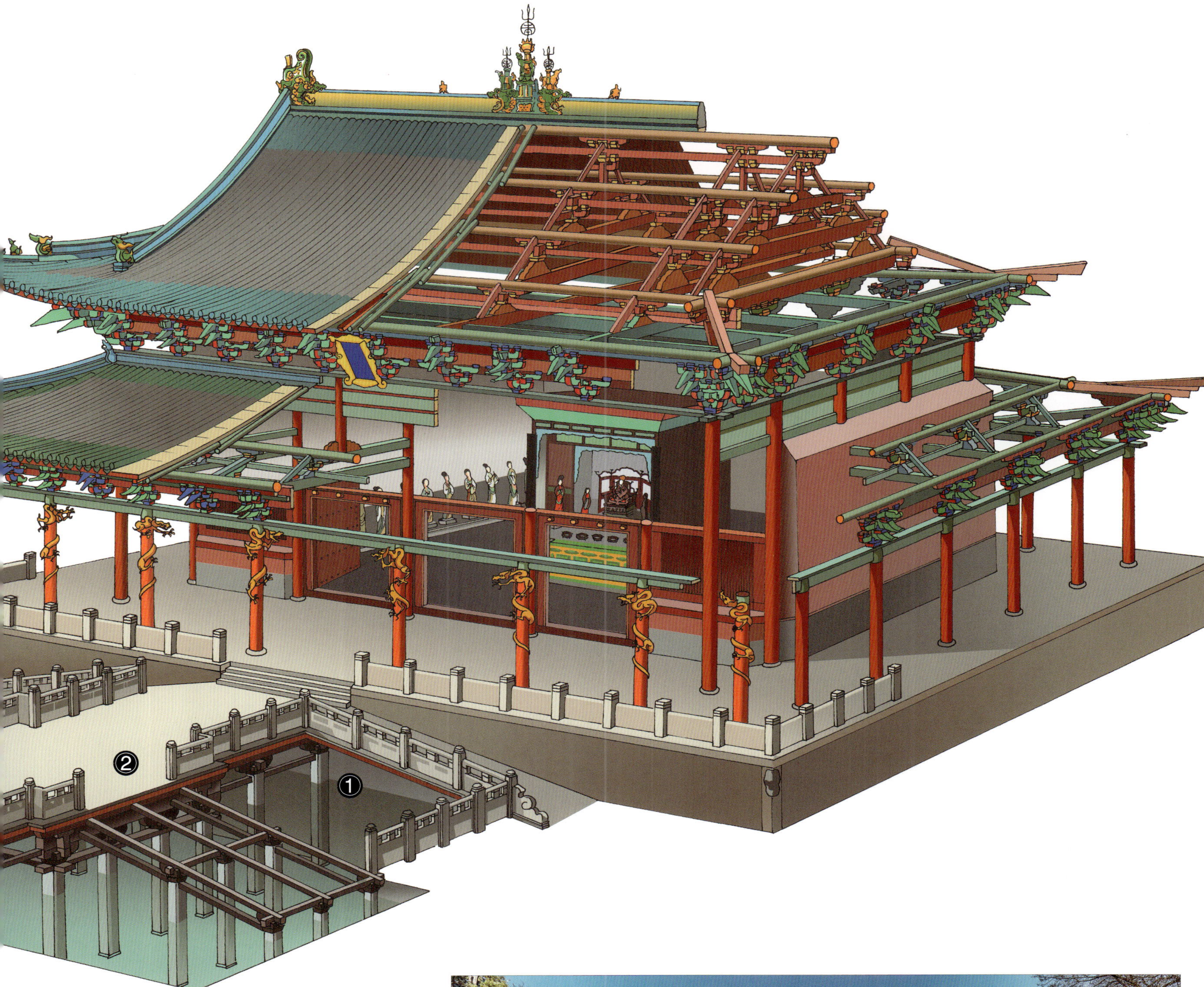

①立于鱼沼中的青石柱

②鱼沼飞梁

圣母殿

位于山西省太原市晋祠内的圣母殿，创建于北宋天圣年间（1023 — 1032 年），为奉祀姜子牙的女儿、周武王的妻子、周成王的母亲邑姜所建，是我国宋代建筑的代表作。圣母殿面阔七间，进深六间，重檐歇山顶，黄绿色琉璃瓦剪边，殿高 19 米。圣母殿四周围廊，前廊进深两间，极为宽敞，其余三面均为深一间的回廊，构成下檐，是中国古建典籍《营造法式》中的“副阶周匝”制实例。大殿檐柱侧角升起明显，给人以稳重之感，殿堂结构为单槽式，即有一排内柱，殿内外采用“减柱法”，以廊柱和檐柱承托殿顶梁架，扩大了殿内空间。殿前廊柱上有木雕蟠龙八条，传说为宋代遗物。殿内有宋代彩塑 44 尊，主像为圣母，端坐在木制神龛内，凤冠蟒袍，神态端庄。侍从手中各有所奉，为宫廷生活写照。殿内的宋代侍女是按照封建社会的宫廷规制排列的，是宋代皇室生活的缩影。

圣母殿基本上遵照了《营造法式》的定制，表现了北宋的建筑风格和审美意识，具有很高的历史价值和艺术价值，堪称国宝级古建。

①圣母殿殿刹

②圣母殿匾额

④圣母殿前廊柱上的木雕蟠龙栩栩如生

③圣母殿采用重檐歇山顶式屋面

⑤圣母殿的建造极尽精巧，斗拱精巧繁复而持久坚固

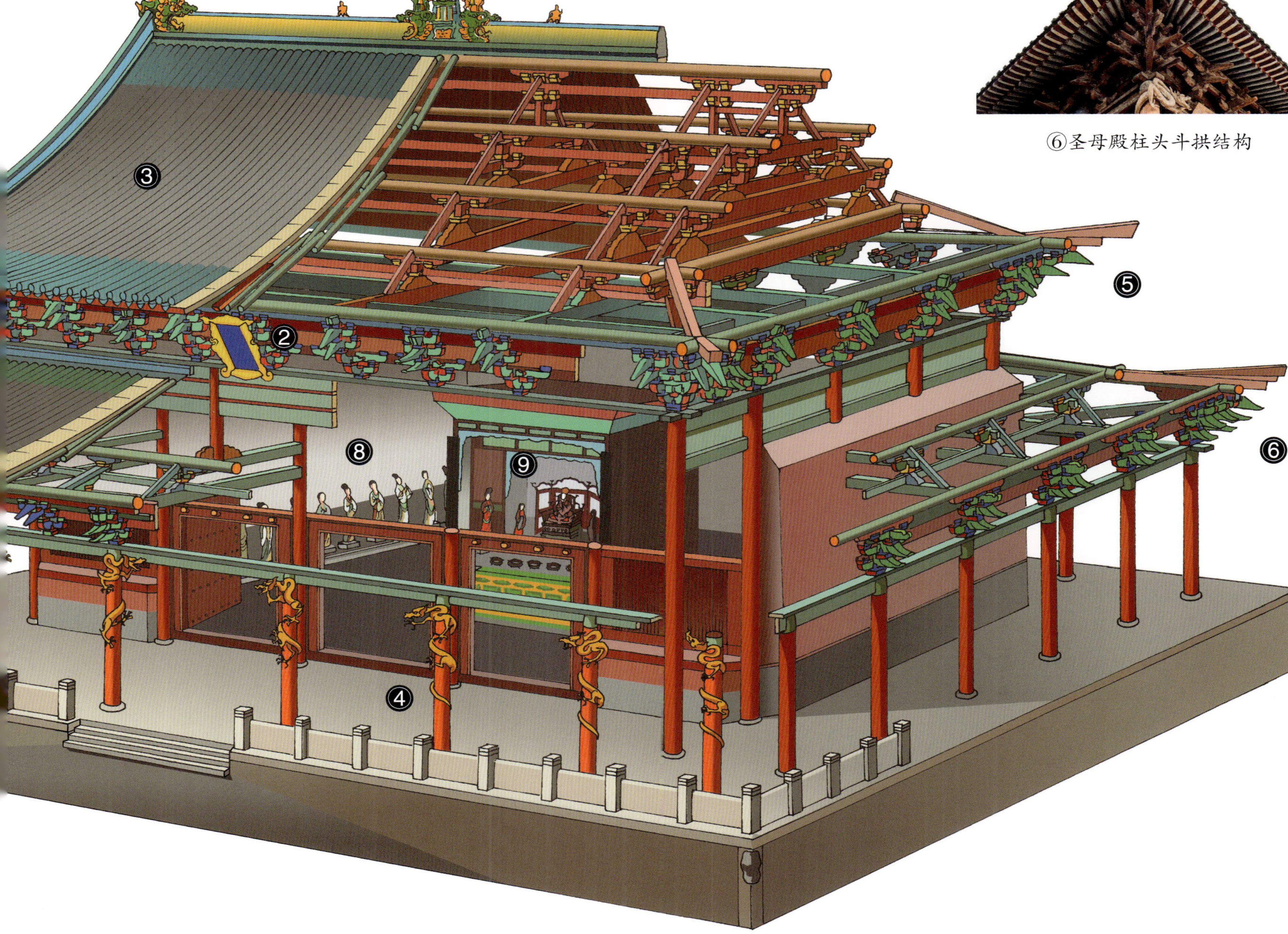

⑥圣母殿柱头斗拱结构

圣母殿匾额

⑦圣母殿采用黄绿色琉璃剪边的屋面设计

⑧圣母殿内彩绘泥塑

⑨圣母殿内主像彩绘泥塑

圣母殿外木雕护法金刚

①卢沟桥桥面略呈弧形，两端较低，中间隆起。桥墩、拱券以及望柱、栏板、抱鼓石、华表等都用天然石英砂岩及大理石砌筑，而桥面却是用天然花岗岩巨大条石铺设的

卢沟桥

卢沟桥又称芦沟桥，坐落于北京西南的永定河上。因横跨卢沟河（即永定河）而得名，是北京现存最古老的石造联拱桥。

卢沟桥始建于金大定二十九年（1189年）六月，全长266.5米，其中桥身长213.5米，两端雁翅各长26.675米，桥两侧雁翅桥面呈喇叭口状，入口处宽32米，桥身总宽9.3米，桥面宽7.5米。

卢沟桥有桥墩10座，共11个桥孔，全部以白石建造。桥身、桥拱、桥墩以铁件连接牢固。东西两端拱券各高11.5米，中间拱券高13. 42米。中心主桥孔跨度21.6米，其余桥孔逐渐收窄，近岸孔的跨度约16米。

卢沟桥两侧有望柱共281根，柱间嵌石雕栏板279块。每根柱头均雕有大石狮，大石狮身边又有小石狮，顶栏和华表上也有石狮，因桥上石狮数量很多，且小石狮多雕于隐蔽之处，所以从明代开始就有“卢沟桥的狮子数不清”之说。

卢沟桥两端西有石象，东有石狮，而东端北侧则是鼎鼎大名的乾隆御笔“卢沟晓月”碑及碑亭。

1937年7月7日，日本在此发动全面侵华战争，史称“卢沟桥事变”（亦称“七七事变”）。中国抗日军队在卢沟桥打响了全面抗战的第一枪。

如今，历经800余年时间洪流冲刷的卢沟桥，集历史之桥、科学之桥、艺术之桥、文化之桥、英雄之桥于一身，仍然宛若一道美丽的彩虹，横跨在永定河上，为每一位过客述说它的故事。

经历800余年，卢沟桥安然无恙

桥东端北侧的“卢沟晓月”碑为乾隆御笔，这里也曾是大名鼎鼎的燕京八景之一

②面向上游的桥墩呈船形，迎水面砌作分水尖，尖端更加装三角铁柱，称"斩凌剑"，以抗御洪水和春冰。为了强化分水尖的稳定性，在分水尖上面，又盖了六层分水石板，称作"凤凰台"，下两层挑出，以上各层逐次收进

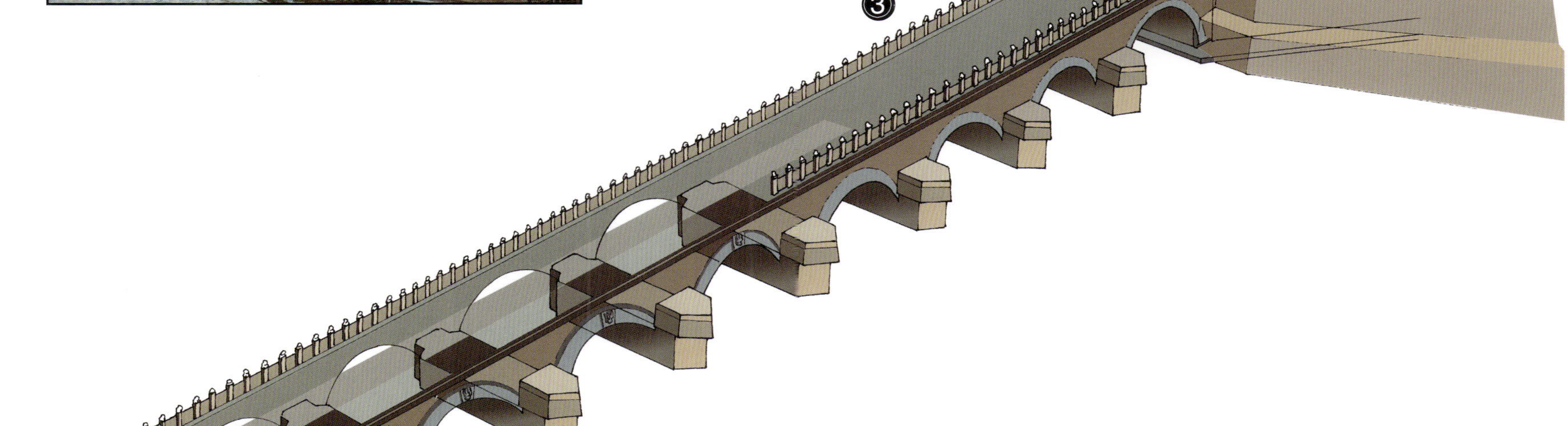

卢沟桥事变后，抗日战争全面爆发，中国守军在卢沟桥与日军展开激战

卢沟桥早年旧照

卢沟桥柱头的石狮子示意图

③石狮子历经金、元、明、清、民国、新中国各个时期的修缮，融汇了各个时期的艺术特征，成为一座自金代以来历朝石雕艺术的博物馆

卢沟晓月

涧水如练，西山似黛，每当黎明斜月西沉，月色倒映水中，明媚皎洁，这就是燕京八景之一的卢沟晓月

①蟠龙藻井：宝座上方天花正中安置形若伞盖向上隆起的藻井。藻井正中雕有蟠卧的巨龙，龙头下探，口衔宝珠。宝珠又称“轩辕镜”，传说是远古时期轩辕黄帝制造的，悬挂于帝王宝座之上，以示历代皇帝都是正统——轩辕黄帝的子孙

太和殿

太和殿又称“金銮殿”“至尊金殿”“金銮宝殿”，是紫禁城（故宫）中最大的殿宇，是中国现存规制最高的古代宫殿建筑。北京城的中轴子午线沿着龙纹石雕御路升上三台，从太和殿内的天子宝座下穿过。大殿内外饰以成千上万条金龙纹，屋脊角安设 10 个脊兽，在现存古建筑中仅此一例。太和殿建于明永乐十八年（1420 年），初名奉天殿。后经数次灾毁和重建，明嘉靖朝改名皇极殿，清朝建都北京后改名太和殿。

太和殿是中国最大的重檐庑殿顶的宫殿。重檐庑殿顶是古代中国宫殿建筑的一种屋顶样式。庑殿顶又叫五脊殿。这种殿顶构成的殿宇平面呈矩形，面宽大于进深，前后两坡相交处是正脊，左右两坡有 4 条垂脊，分别交于正脊的一端。重檐庑殿顶，是在庑殿顶之下又有短檐，四角各有一条短垂脊，共九脊。

三大殿（太和殿、中和殿、保和殿）体现了中国宫殿建筑的特点：平面布局以大殿（太和殿）为主体，取左右对称的方式排列诸殿堂、楼阁、台榭、廊、亭轩、门阙等建筑，殿堂建筑以木构架支撑，都柱底下有石柱础，砖修墙体北、西、东三面维护，坐北朝南，上盖金黄色琉璃瓦屋顶。三大殿在装饰色彩上，屋顶多用金黄色，立柱门窗墙垣等处多用赤红色装饰，檐枋多施青蓝碧绿等色，衬以石雕栏板及石阶之白玉色。

②脊兽：太和殿每条檐角上都列队站着骑凤仙人和神兽，依次是龙、凤、狮子、天马、海马、狻猊、押鱼、獬豸、斗牛、行什，这些脊兽各有各的象征意义，有象征皇权的，有象征吉祥的，有保平安的，有避灾祸的，还有镇邪的

③白玉丹陛：太和殿前宽阔的平台称为丹陛

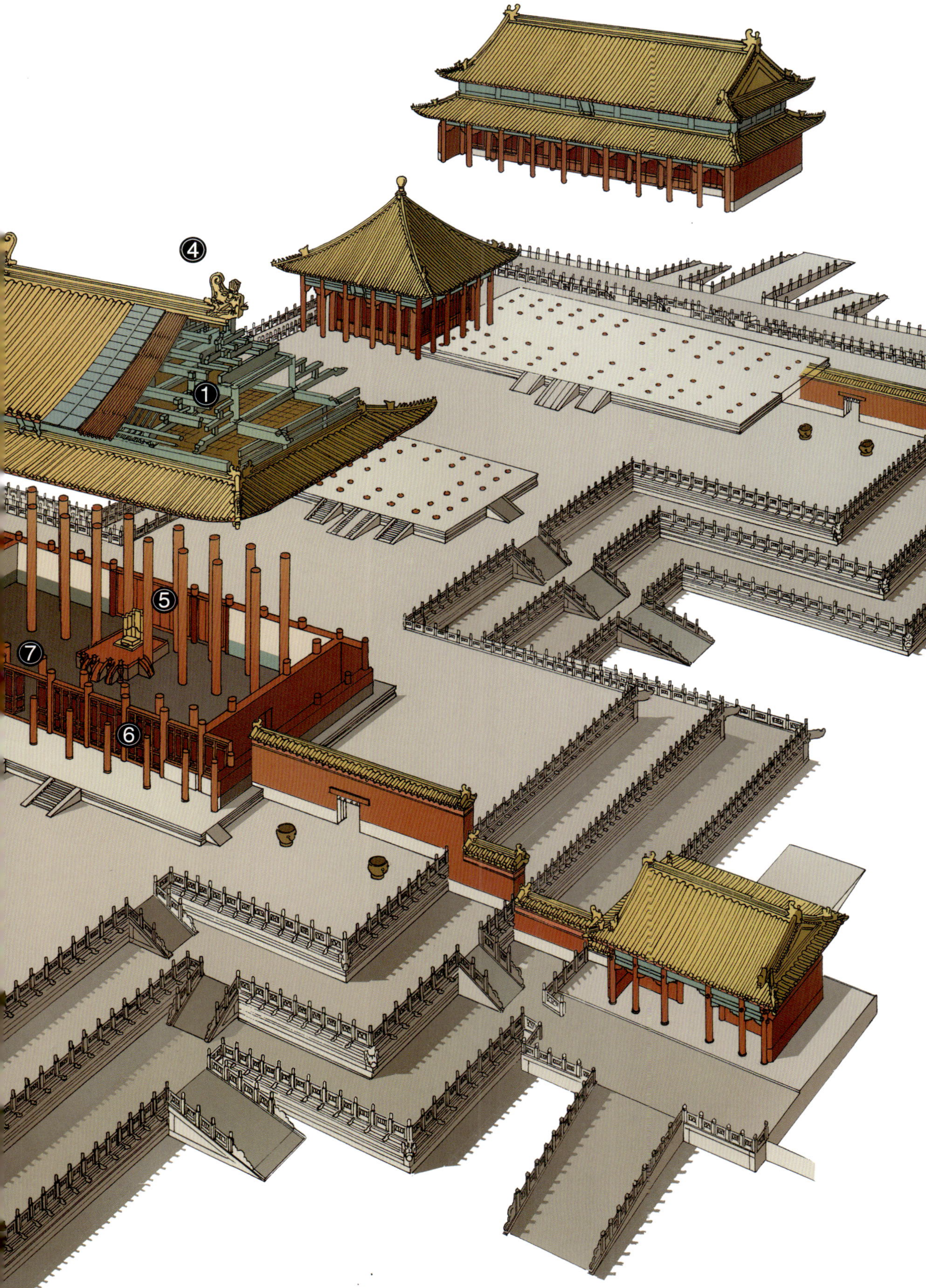

④鸱吻：太和殿是最高等级的重檐庑殿顶宫殿。殿顶正脊两端的大吻，各由13块琉璃构件拼合组装而成，高3.4米，厚32厘米，重达4.3吨

⑤宝座：太和殿中央高台之上安放着紫禁城里唯一保存下来的明代皇帝宝座——髹金漆云龙纹宝座（龙椅），制造于明嘉靖年间，椅圈上盘绕着13条金龙，椅背正中立着一条正龙

⑥龙纹格栅门：门窗上部嵌成菱花格纹，下部浮雕云龙图案，接榫处安有镌刻龙纹的鎏金铜叶

⑦和玺彩画是一种只用于皇宫的高档彩画，特别是在主梁上大都用这种彩画。根据建筑的规模、等级与使用功能，分为金龙和玺、金凤和玺、龙凤和玺、龙草和玺、苏画和玺5种

中和殿

中和殿始建于明永乐十八年（1420年），明初称华盖殿，因火灾重修后改称中极殿，现天花内构件上仍遗留有明代“中极殿”墨迹。清顺治二年（1645年）改中极殿为中和殿。殿名取自《礼记·中庸》“中也者，天下之本也；和也者，天下之道也”之意。

中和殿平面呈正方形，四面出廊，金砖铺地。中和殿内悬挂有乾隆帝御笔“允执厥中”匾额，中和殿内宝座前左右两侧设有两只金质四腿独角异兽。

明清两朝，太和殿举行各种大典前，皇帝先在中和殿小憩，并接受执事官员的朝拜。凡遇皇帝亲祭，如祭天坛、地坛，皇帝于前一日在中和殿阅视祝文，祭先农坛举行亲耕仪式前，还要在此查验种子和农具。

①铜胎鎏金宝顶

②③中和殿斗拱构造和檐角兽（脊兽）

④烧制龙形图案的琉璃瓦当

⑤中和殿匾额

俯瞰三大殿——太和殿、中和殿、保和殿

⑥中和殿侧面御道

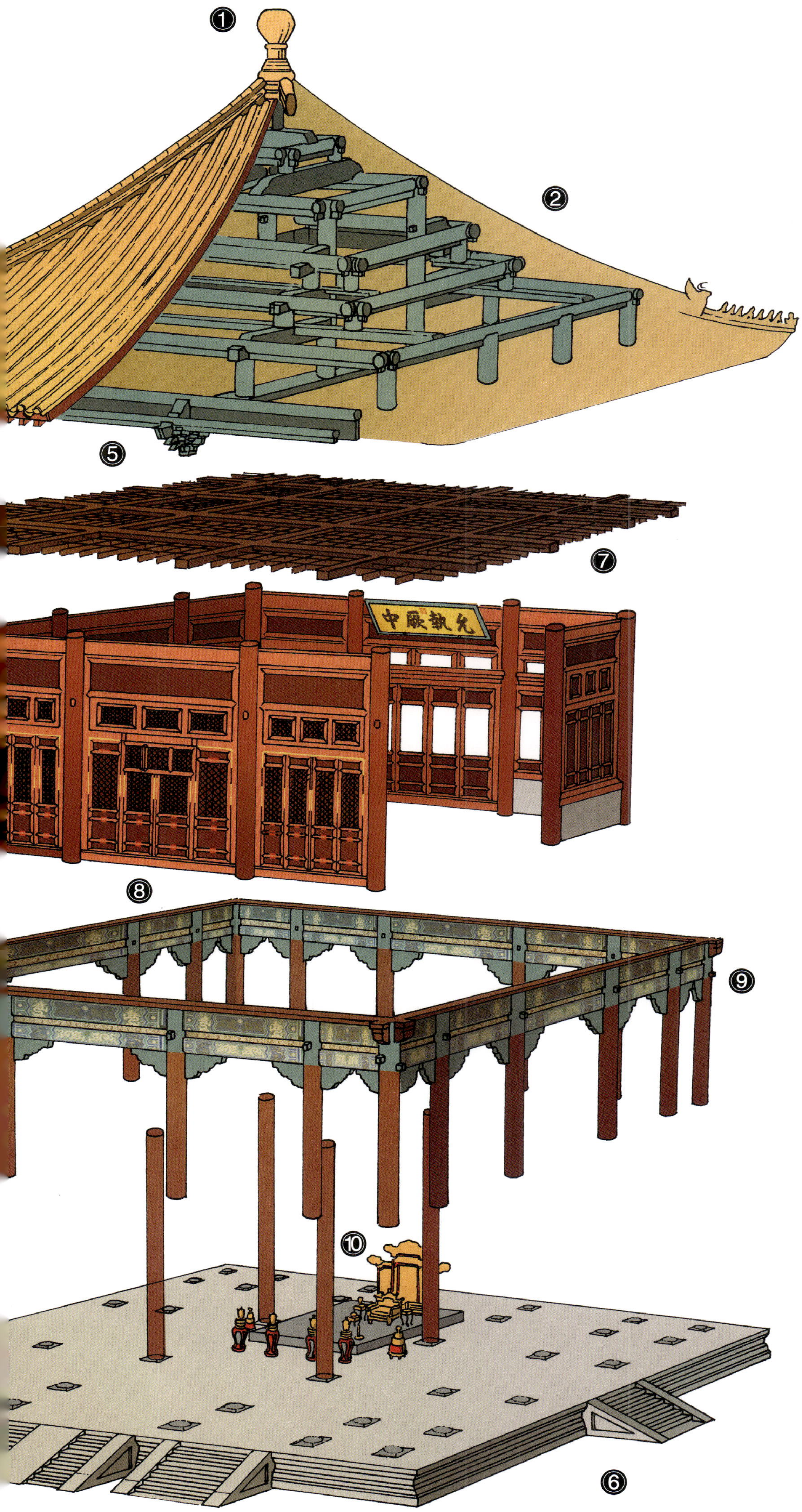

⑦天花为沥粉贴金正面龙

⑧龙纹格栅门

⑨内外檐均为金龙和玺彩画

⑩殿内设地屏宝座

保和殿

保和殿，明永乐十八年（1420 年）建成，初名谨身殿，明嘉靖四十一年（1562 年）改称建极殿，清顺治二年（1645 年）改称保和殿。现如今主体梁架仍为明朝所建。

“保和”出自《易经》，意为神志得专一、保持宇宙间万物和谐之意。

保和殿于明清两代用途不同，明朝大典前皇帝常常在此更衣，册立皇后、皇太子时，皇帝在此殿受贺。清乾隆五十四年（1789 年）殿试地点由太和殿移到保和殿，直到光绪三十年（1904 年）最后一次殿试。从此以后，在中国推行了 1300 余年的封建科举制度终结了。

三大殿下为高 8.13 米的汉白玉石雕基座，周围环以栏杆。栏杆下安有排水用的石雕龙头。每当雨天，雨水就从千余个石雕龙头的龙口中排出，呈现出千龙吐水的壮观景象。

保和殿后阶陛中间有紫禁城中最大的一块石雕，是一块雕刻着 9 条口戏宝珠的游龙在山崖、海水和流云之中游走的御路石，被称为云龙石雕。

云龙石雕

排水用的石雕龙头

保和殿前用于防火的储水铜缸

①鸱吻

②上下檐角均安放 9 只脊兽

③烧制龙形图案的琉璃瓦当

④坐北向南设金漆宝座

⑤乾隆御笔匾额

①戟门位于戟门桥正北，原门内外两侧各列朱漆戟架8座，每座插置金银铁戟各15支，共120支，故称戟门。戟门面阔五间，正中三间为三座实榻大门，庑殿顶、黄琉璃瓦屋面，三层汉白玉台基四周都有石护栏。正中有汉白玉石雕御路，从上至下分别雕刻二龙戏珠纹、狮滚绣球纹、海水江崖纹。东西旁门各一座，歇山顶，黄琉璃瓦屋面，面阔各一间

太庙

太庙位于北京市天安门东侧，始建于明永乐十八年（1420年），按照"左祖右社"的古制与故宫同时期建成，历经明清两朝，是中国现存较完整的、规模较宏大的皇家祭祖建筑群，也是旧时北京城"五坛八庙"之一。

太庙平面呈长方形，占地面积19.7万平方米，南北长475米，东西宽294米，有三重围墙。墙内主要建筑均为坐北朝南，庙内主体建筑包括享殿（前殿）、寝殿（中殿）、祧庙（后殿）。在第一重院墙内的东南角有牺牲所，牺牲所的西侧建有六角井亭。在第二重院墙内正门为三开间的前琉璃门。过前琉璃门有玉带河，河上有7座单孔汉白玉石桥，称作戟门桥，桥北有两座六角井亭。第三重院墙正门五间，原来陈列有镀金、镀银的铁戟120支，戟门因此得名。戟门正北，即为享殿。寝殿在享殿的北面，祧庙位于第二重院落的最北侧。在寝殿和祧庙之间有一道红墙，墙上有中琉璃门5座，均为黄琉璃瓦歇山顶。祧庙正后方是后琉璃门，祧庙后檐的两侧，各有随墙角门一座。其北为一狭长院落，构成太庙的第三重院墙。

太庙又称为皇帝的"宗庙"，国家的"大庙"，是古代皇帝祭祀祖先的地方，有时候也是国家面临重大抉择进行祭祀祷告的场所。太庙之内收录的神位、档案，可以被认作是一个朝代的"记录史册"。其历史价值尤为珍贵。太庙建筑不仅反映了一个时代辉煌的营造技艺，还是较完备的礼法建筑之一。其蕴含的礼制思想更是太庙建筑的灵魂所在。

②前琉璃门位于太庙第二重院墙的南墙正中，中间三座为拱门，旁门二座为过梁式。黄琉璃瓦顶，檐下饰有黄绿琉璃斗拱额及垂莲柱，墙下为汉白玉须弥座

③太庙享殿

④祧庙位于中琉璃门正北，又称后殿，面阔九间(长61.99米)，进深四间（宽20.33米），黄琉璃瓦单檐庑殿顶，是供奉追封的清朝立国前的四代帝、后神牌位的地方，殿内陈设亦如寝殿

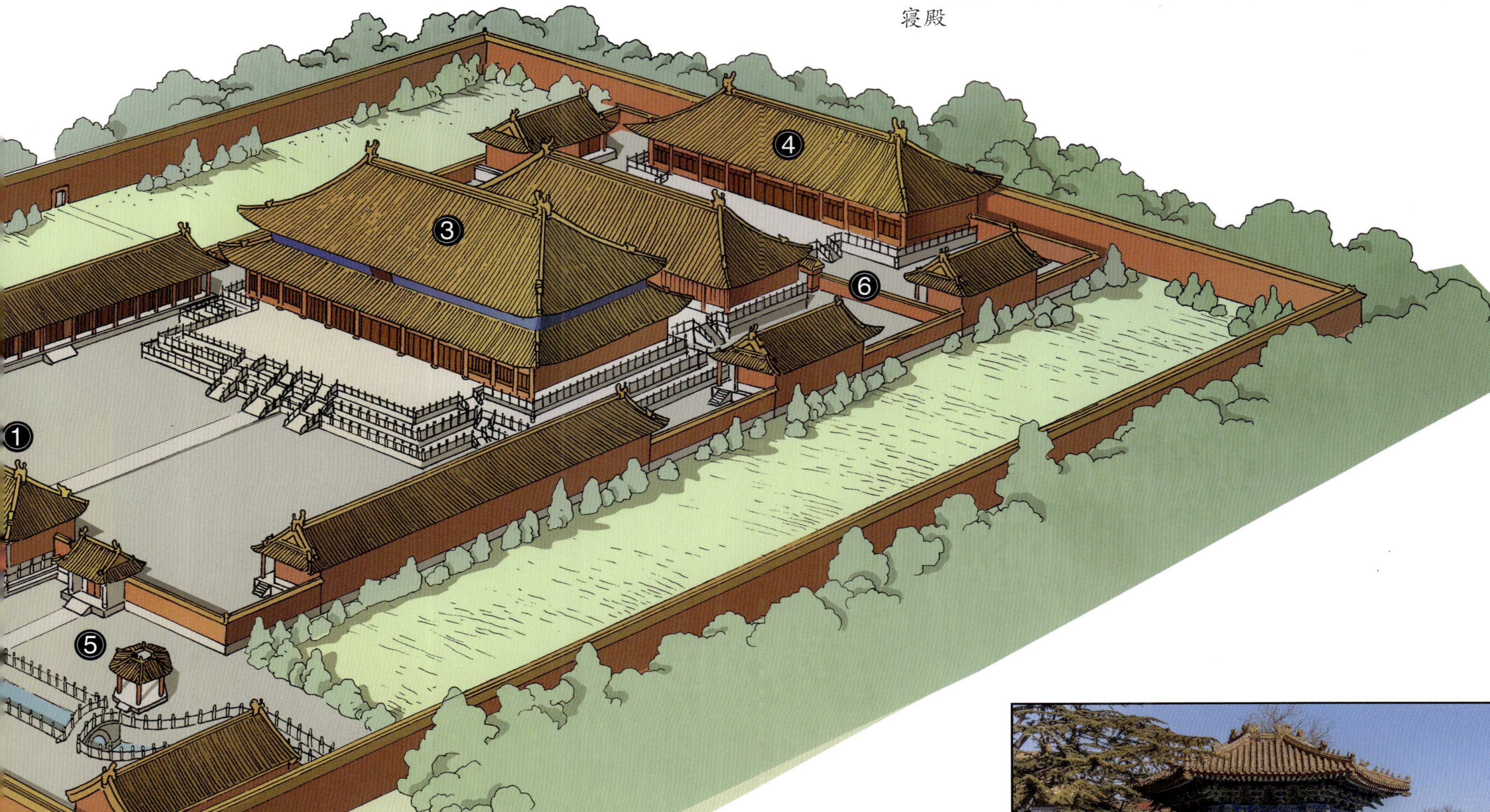

⑤六角井亭

⑥中琉璃门原来为3座，后增建为5座，均为歇山顶，黄琉璃瓦屋面，檐下施绿琉璃仿木斗拱，门为过梁式，中间三门连为一体，两侧有旁门

⑦戟门桥位于前琉璃门正北，宽8米，两侧有汉白玉护栏，龙凤望柱交替排列。正中的桥是皇帝走的御路桥，旁边为王公桥，再次为品级桥

68 根金丝楠木大柱支撑起太庙享殿

太庙享殿

太庙享殿又称前殿或大殿，面阔十一间（长 68.2 米），进深六间（宽 30.2 米），坐落在高 3.46 米的三层汉白玉须弥座上，殿高 32.46 米。黄琉璃瓦重檐庑殿顶，檐下悬挂满汉文书写的“太庙”九龙贴金题额。68 根大柱皆是整根金丝楠木，最高的达 13.32 米，直径最大的达 1.2 米，殿顶用片金沥粉彩画装饰，地面墁铺金砖。

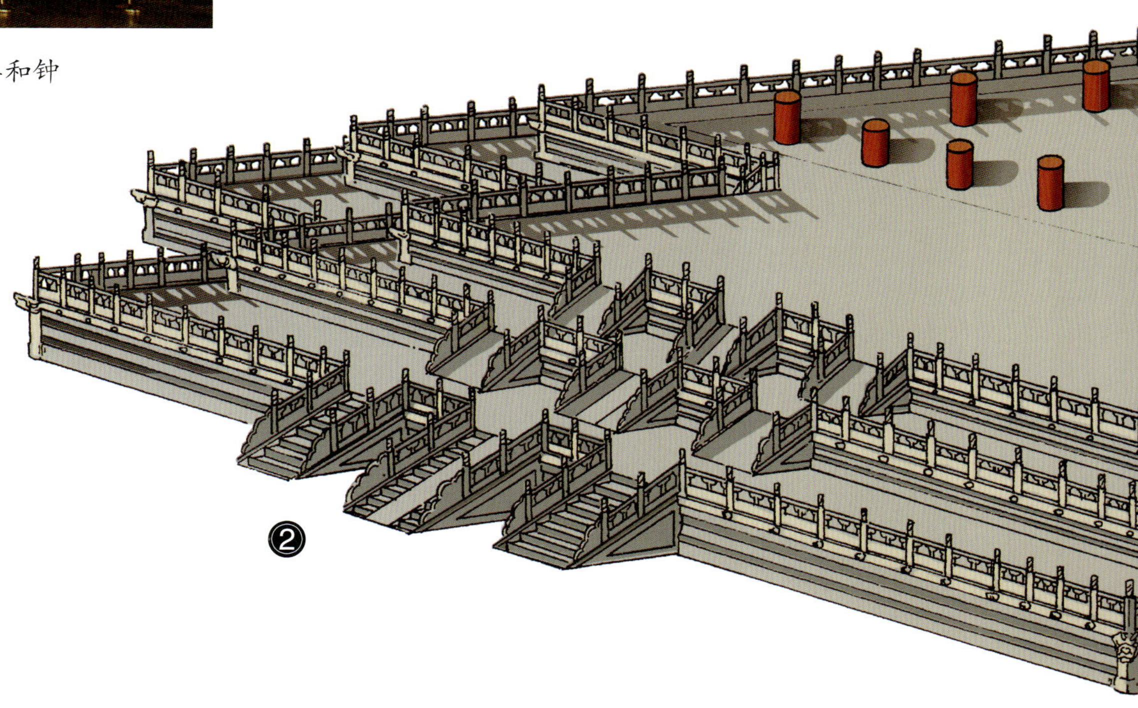

①太庙享殿内金碧辉煌的陈设以及中华和钟

②三层汉白玉基座

③重檐庑殿顶以及9只脊兽彰显至高无上的等级

④太庙的金字牌匾

⑤⑥沥金的斗拱和梁架

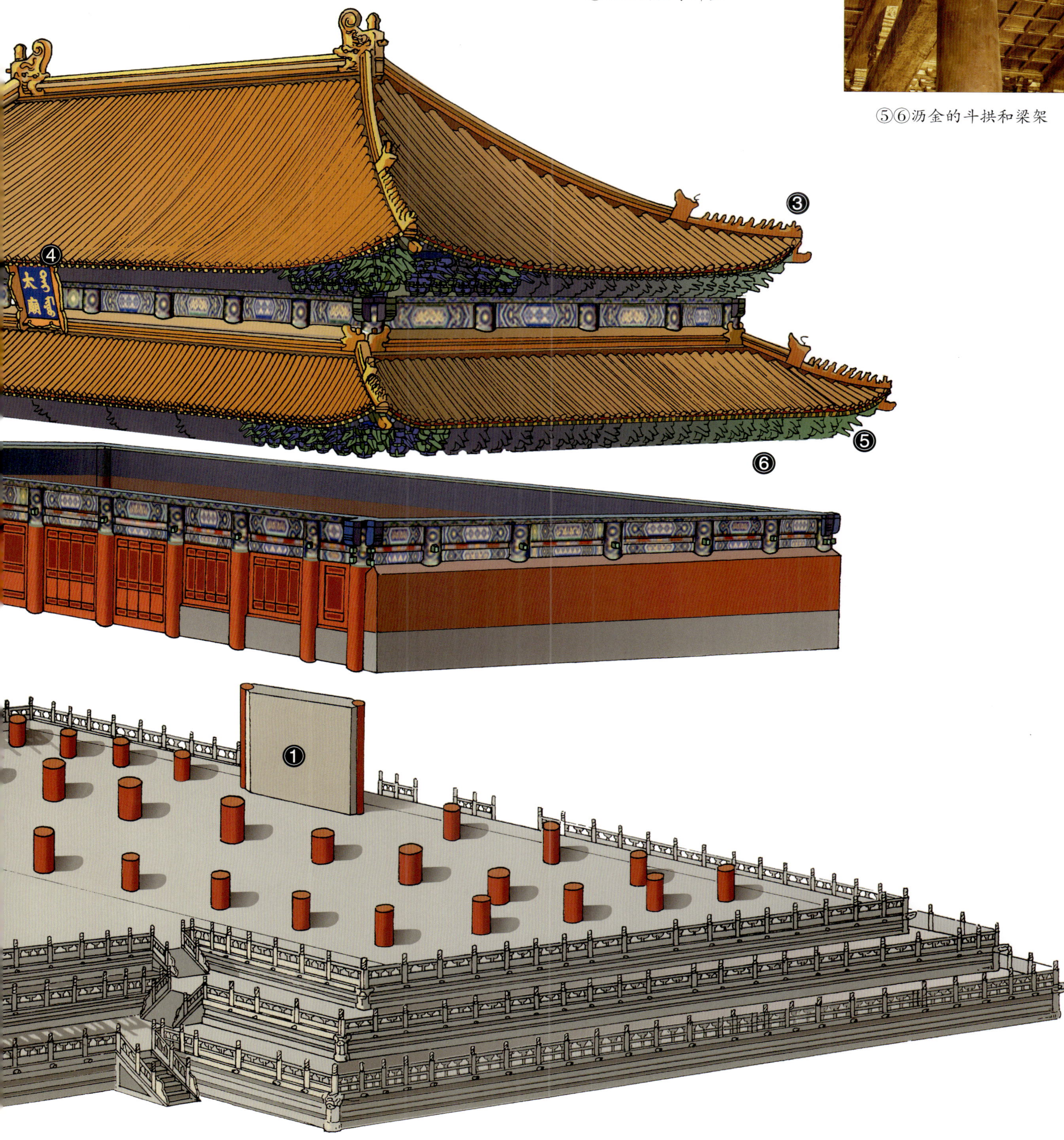

①金色的宝顶搭配深蓝色的琉璃瓦庄严而华贵

②檐顶下的斗拱精美绝伦，纯木榫卯结构蕴含着中国古人的智慧，足以令我们每个人骄傲

③祈年殿顶的龙凤藻井，藻井外形随祈年殿的平面形状，上中下三层皆为圆形，逐层收缩，叠落起来形成穹隆。斗拱凭榫卯支于圆穹内壁，正中金色龙凤雕饰，高高突起的龙头和凤首，栩栩如生的龙身和凤羽，衬托出天宇的崇高伟大，具有较强的装饰效果

④祈年殿的匾额也被金龙和彩绘环绕

祈年殿

祈年殿始建于明永乐十八年（1420 年），是北京天坛的主体建筑，又称祈谷殿，是明清两代皇帝孟春祈谷之所，也是存世的古代明堂式建筑的孤例。

祈年殿大殿面积 460 平方米，是一座镏金宝顶、蓝瓦红柱、金碧辉煌的彩绘三层重檐圆形大殿。祈年殿采用的是上殿下屋的构造形式，按照“敬天礼神”的思想设计，殿为圆形，象征天圆；瓦为蓝色，象征蓝天。

殿内支撑大有讲究，内层 4 根金丝楠木大柱叫龙井柱，也叫通天柱，支撑最高一层圆顶，4 柱代表四季；中层 12 根金柱支撑中层圆顶，12 代表十二个月；外层 12 根檐柱代表十二个时辰；一共 28 根柱代表二十八星宿；金柱和檐柱共 24 根代表农历二十四个节气。三层屋檐相应设置三层天花，中间设置龙凤藻井；殿内梁枋施以龙凤和玺彩画。

祈年殿的基座是最高等级，跟故宫的太和殿同一个级别，三层汉白玉石雕基座，东南西北四个方向都有丹陛石雕，第一层云海，第二层双凤，第三层双龙，展现云海之上，龙凤呈祥的意境。拾级而上，肃穆巍峨，仿佛踏入天界，对天敬仰之情，油然而生。

⑦祈年殿内景，内中外三层共 28 根楠木支柱对应支撑着三层屋顶

⑧祈年殿使用最高等级的三层汉白玉石雕基座，跟故宫的太和殿级别一致

⑤天坛祈年殿的檐柱、藻井以及其他的内部装饰以皇家的高规格——龙凤和玺彩画为饰。龙为天子，凤为天后，龙凤呈祥，祈年殿内外随处都可以见到龙凤和玺彩画

⑥天坛祈年殿的龙凤和玺彩画局部细节

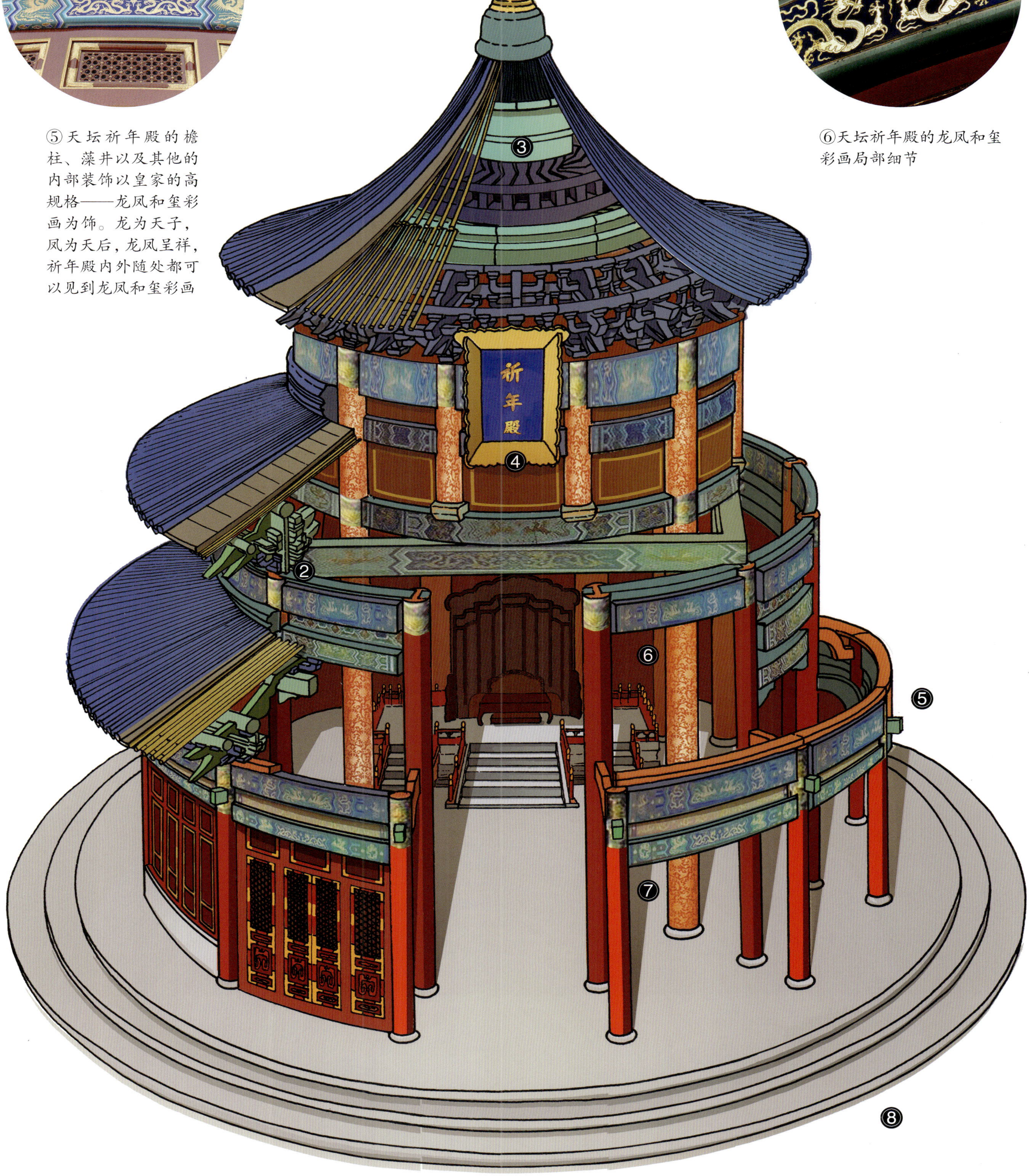

天坛祈谷

天坛祈谷场景，祈年殿并不是用来祭天，而是用来祈谷，每年正月里进行，祈求五谷丰登

法海寺整体剖视图

法海寺

法海寺位于北京市石景山区模式口 28 号法海寺森林公园内，是明正统四年（1439 年），由太监李童等集资，工部营缮司着手始建。明正统八年（1443 年），寺庙建成，获明英宗赐名法海禅寺。

法海寺坐北朝南，全寺共四进院落，建在逐层抬高的四层高台之上，东西面宽 72 米，南北进深 150 米，占地面积 1.08 公顷。山门面阔三间，采用单檐歇山顶，黄琉璃瓦屋面，山门后是一座东西横向长方形院落，正中建数十级台阶向上通向天王殿和大雄宝殿。台阶两侧有石碑两通，分别为《敕赐法海禅寺碑记》和《法海寺碑记》。天王殿面阔三间，采用单檐歇山顶，削割瓦黄剪边屋面。大雄宝殿面阔五间，单檐庑殿顶，削割瓦黄剪边屋面。再向上到达药师殿，东西两边分别是方丈房和选佛场，其后是藏经阁院落。法海寺殿堂形制布局是汉藏两族僧俗官员共同设计，这在北京寺院建筑史上是独一无二的。

①大雄宝殿

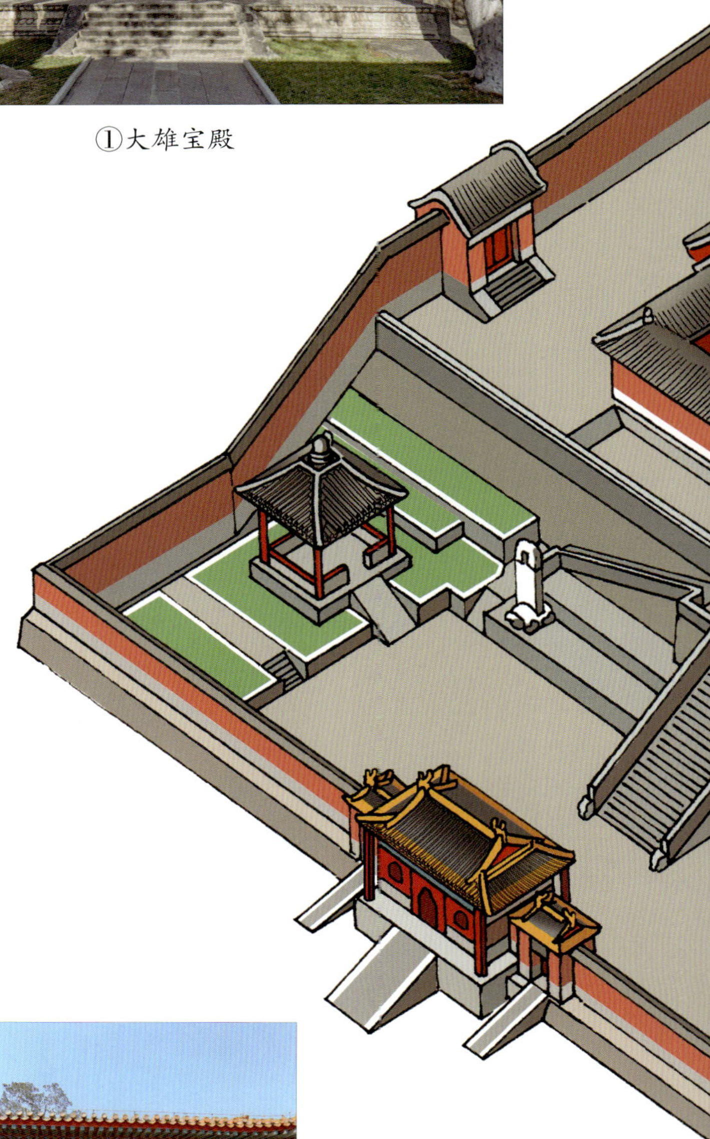

法海寺以其大雄宝殿内保存完整的明代壁画而闻名。经专家论证，法海寺壁画堪称中国明代壁画之最，是现存鲜有的由宫廷画士所绘作品，其布局严谨、刻画细腻、技巧纯熟、用色考究，即便与敦煌壁画、永乐宫壁画相比也各有千秋，并可与欧洲文艺复兴时期的壁画相媲美。其构图、着色、技巧及用料乃至画基底泥都有较高的历史价值、艺术价值、科学价值和佛教文化研究价值。

俯瞰法海寺全貌

②天王殿

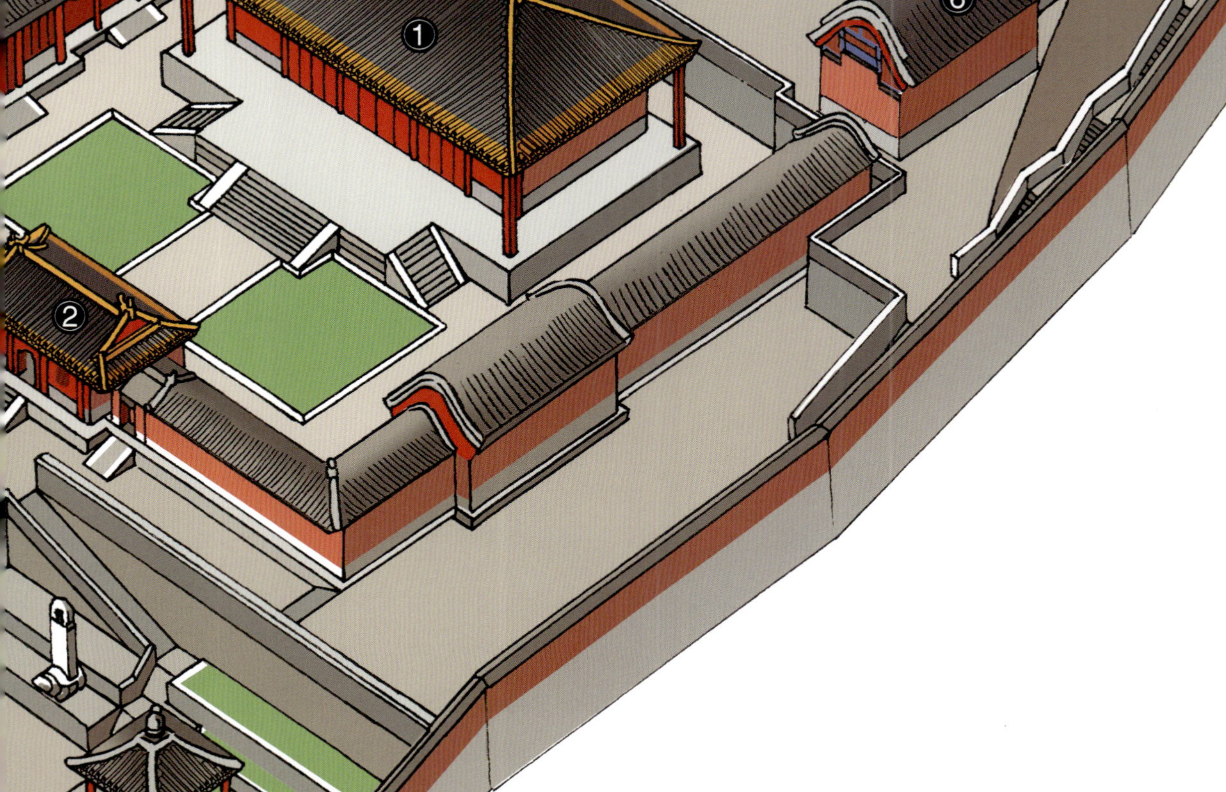
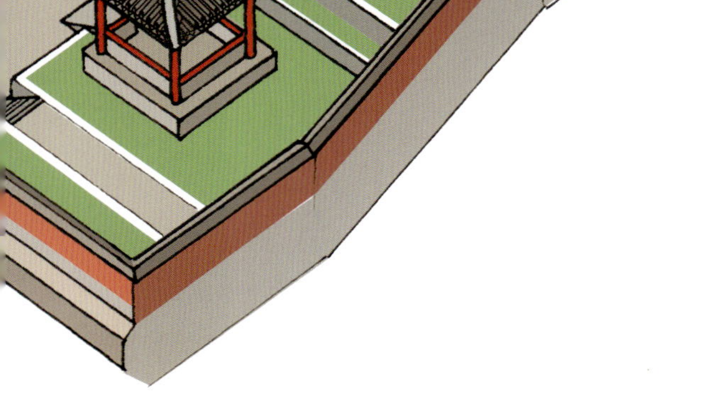

③药师殿

④藏经阁

⑤选佛场

⑥方丈房

大雄宝殿明代壁画

法海寺大雄宝殿以其保存的明代壁画闻名于世，壁画共 10 铺，总面积达到 236.7 平方米。在佛像后扇面墙的背后正对后门处绘有水月观音（中）、普贤菩萨（左）、文殊菩萨（右）三大士坐像。大殿东西两壁上画的是十方佛、十二圆觉和八大菩萨，以林泉花木、山石云气等为衬托，画面祥云缭绕，更显出神佛的庄严肃穆。大殿北壁设后门，壁面所绘二十诸天由此分为东、西两部分，与三大士南北相对。壁画中人物众多，风貌各异，但都表现得惟妙惟肖。线条流畅，工整有力，尤其使用了“叠晕烘染”的传统技法以及描金，沥粉贴金和朱砂、石青、石黄等熏色，更增加了画面烟云缥缈，宁静神秘的气氛。其中以三大士像最为精彩，菩萨面相饱满圆润，服饰华丽，衣纹流畅生动，有元代遗韵。从佛寺由工部监造来推测，画工也应当是当时名家。

大雄宝殿壁画是北京地区现存古代壁画中的杰出代表，整体壁画在国内现存明代壁画中亦属上品，在中国壁画史上占有很高的地位。

大雄宝殿的壁画局部

①水月观音壁画

②黄色剪边筒瓦

③大雄宝殿曼陀罗藻井

④持幡侍女（大梵天侍女，持幡，位于北墙东壁）

⑤菩提树神局部（又名草药树林神，二十诸天之一。位于北墙西壁）

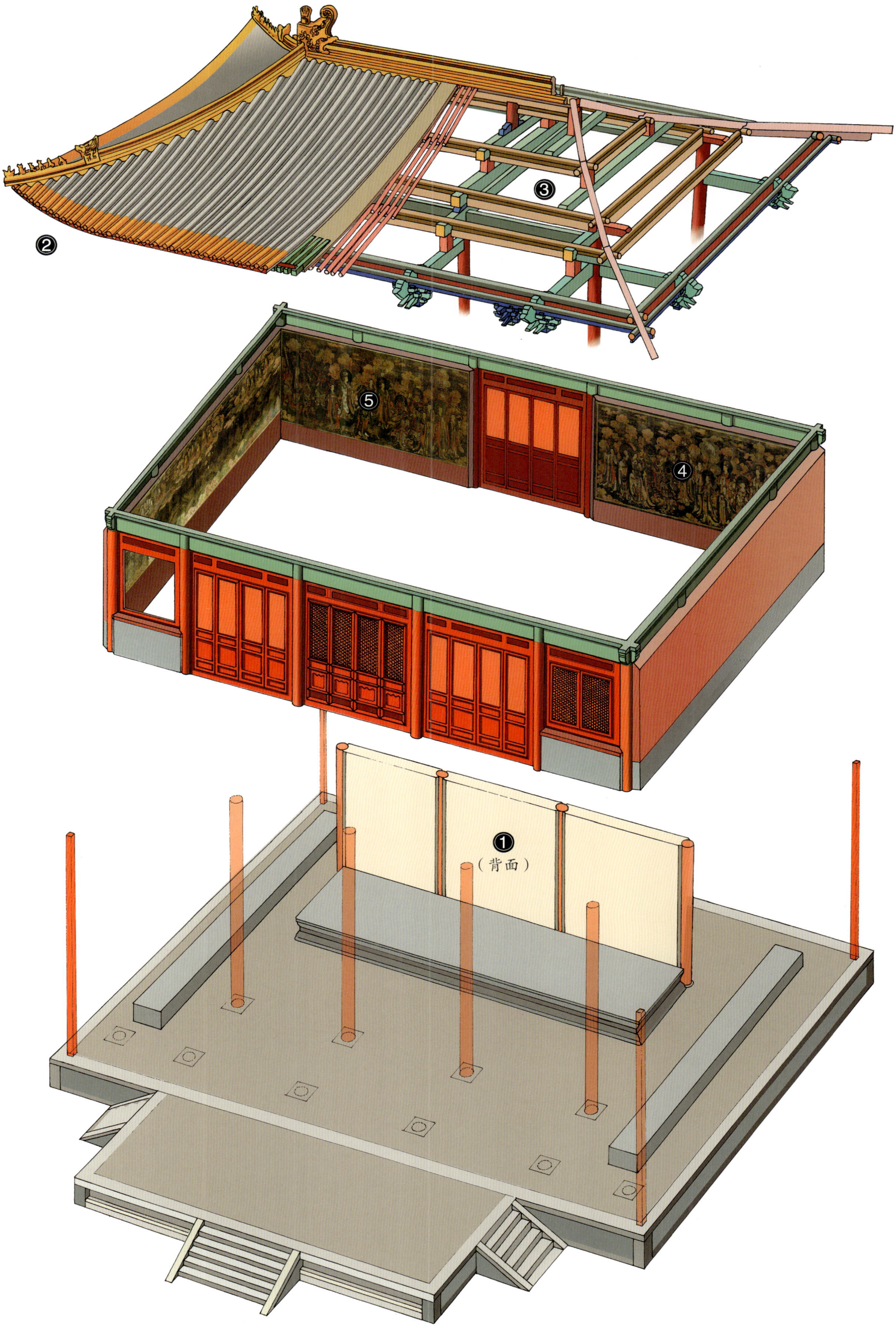
❷
❸
❺
❹
❶
（背面）

智化寺

智化寺，位于北京市东城区禄米仓胡同 5 号，是北京市保存最完整的明代木结构建筑群。

智化寺始建于明代正统八年（1443 年），原为明英宗时期司礼监太监王振的家庙。由于王振深得皇帝的宠爱与信任，加上王振冠以感念皇恩的名义营建庙宇，故而博得明英宗为其家庙赐名“报恩智化禅寺”。王振也因此穷极土木，将其家庙建造成富丽宏伟、比肩皇室规制的寺院。

智化寺建筑群目前共由四进院落组成，主要建筑全部建于寺庙的南北中轴线上。自南而北依次为山门、智化门、智化殿、如来殿 / 万佛阁、大悲堂。智化寺中的建筑虽经后代多次修缮，但仍旧保存着明代初期的规制，特别是藏殿内遗存的藻井，具有重要的历史和科学价值，为研究明代木构建筑提供了很好的实例。

①钟楼

②鼓楼

明代龙纹大鼓

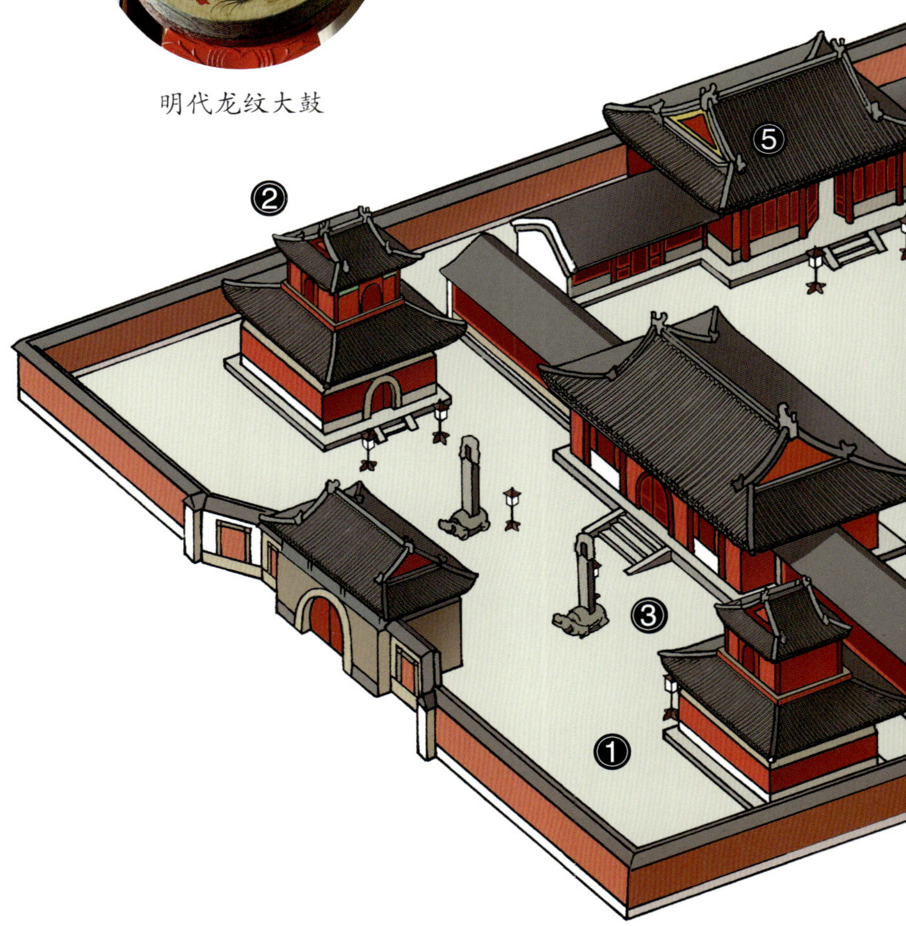

具有 500 多年传承史的智化寺京音乐来源于明代宫廷礼仪音乐，是我国现存古乐中唯一按代传袭的乐种，至今保存完好

智化殿内景

③智化门

④智化殿

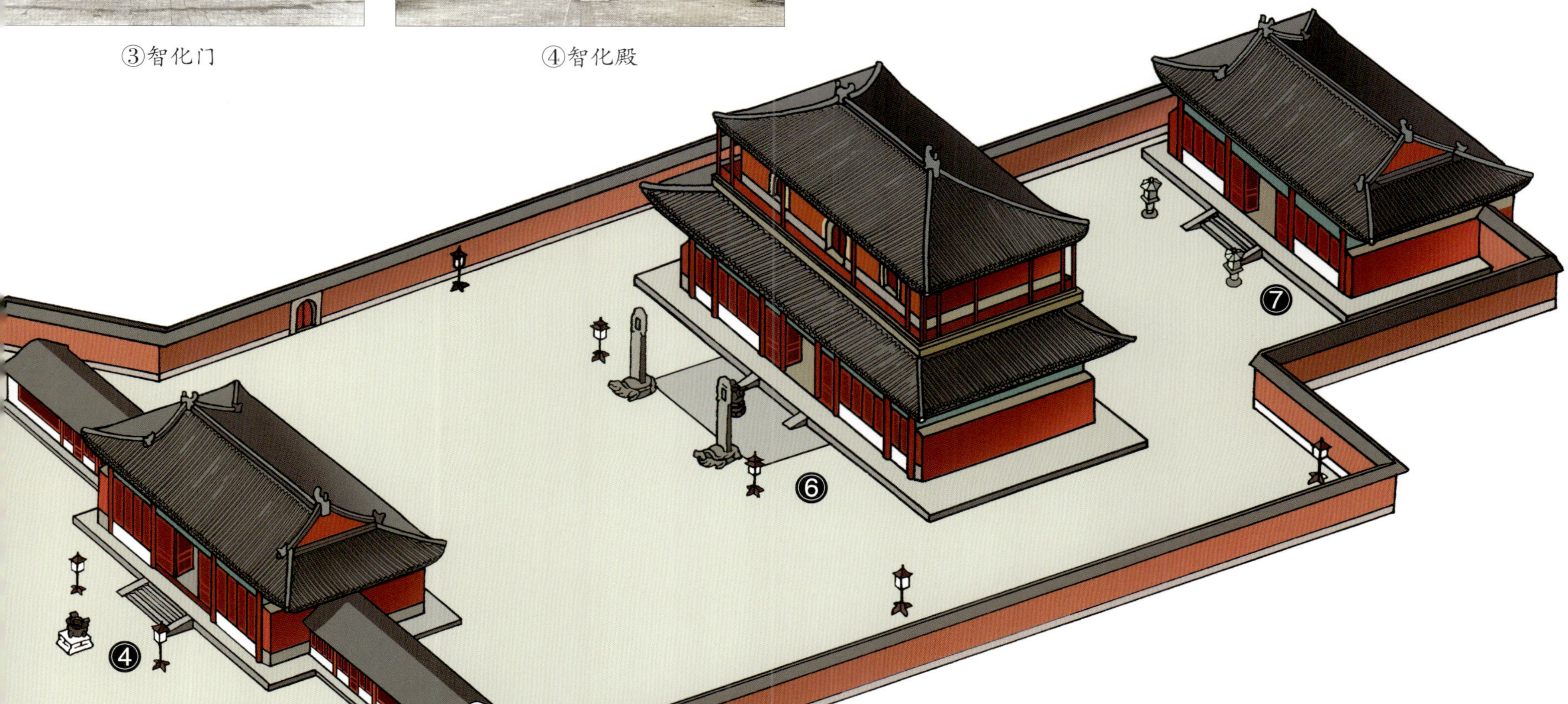

智化殿内地藏菩萨变相图

⑤藏殿内保存的北京唯一一座明代八角形转轮藏

⑥如来殿 / 万佛阁

⑦大悲堂

如来殿 / 万佛阁

如来殿 / 万佛阁位于智化殿北侧，既是智化寺南北中轴线上最大的建筑，也是全寺的中心。整座殿分为上、下两层，采用重檐庑殿顶规制，黑色琉璃筒瓦、黑色琉璃鸱吻脊兽。下层因殿内供奉释迦牟尼如来本尊佛像，由此得名如来殿。上层则四面墙壁上除有门窗地方之外皆饰满佛龛，佛龛内置漆金佛造像，相传有9999 尊，加上主像一尊，合计万尊佛像，因此上檐匾额为“万佛阁”。如来殿 / 万佛阁内设有明英宗御赐的两座曲尺经橱。

藻井是中国古建筑独有的一种装饰，通常在建筑等级较高的建筑中使用，比如宫殿、寺庙中的宝座、佛坛等上方最为重要部位，一般做成向上隆起的井状，由细密的斗拱承托，象征天宇的崇高，藻井上一般都绘有彩画、浮雕。智化殿和万佛阁原本各有一具藻井，均系斗八式，藻井平而呈方形，四角以枝条区划成八角形，再置方格二重，相互套合成内八角。每格之边缘，饰卷云、莲瓣、斗栱，空档内置“八宝”。环雕游龙，中央团龙垂首俯视，结构美奂绝伦。目前智化寺仅藏殿转轮藏上方还遗存有一具精美的明代藻井。

①智化寺全部采用黑瓦，十分鲜见

②万佛阁供奉佛像

③万佛阁佛像

④如来殿藏经橱

⑤如来殿内佛像

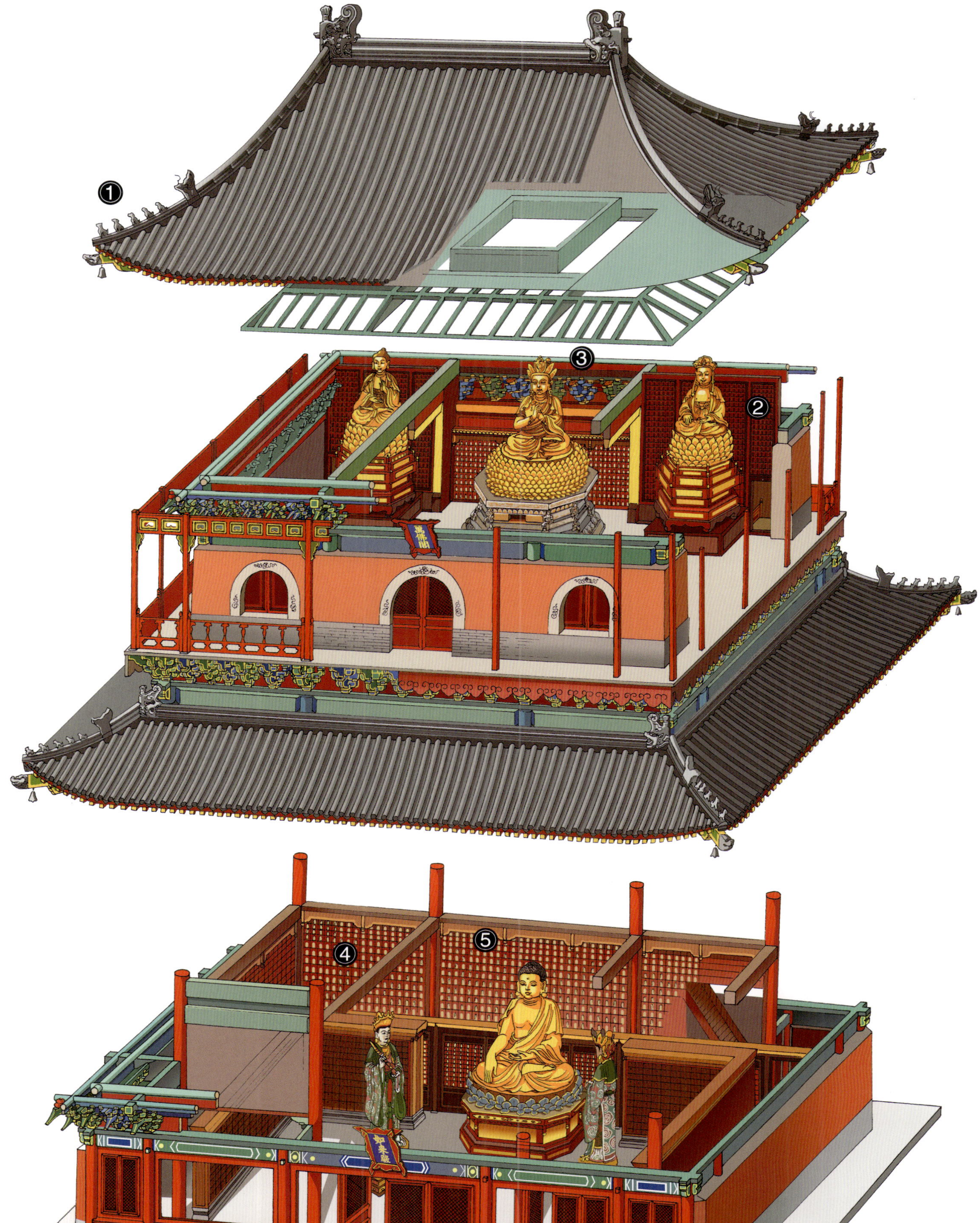

⑥如来殿前的明代铜炉

俄罗斯摄影师斯尔格·沃特加索夫在 1938 年拍摄的大悲宝殿

大慧寺大悲宝殿

大慧寺，又称大佛寺，位于北京市海淀区大慧寺路 6 号院内，始建于明正德八年（1513 年），现仅存大悲宝殿。

大慧寺大悲宝殿坐北朝南，高约 30 米，面阔五间，进深三间，重檐庑殿顶，筒瓦屋面，两层檐之间有采光用的菱花窗，殿内顶部为镏金斗拱、蟠龙藻井，梁檩上都绘有旋子彩画，部分枋柱插头处原安放有彩色小佛。明间正面原有一尊高五丈的千手千眼观世音菩萨铜立像（现已无存），现存木胎泥塑彩绘的两尊胁侍菩萨为后代补塑。大悲宝殿内的两面山墙和后檐墙前面伫立 28 尊明代木胎泥塑彩绘的诸天像，诸天像背后的墙面上绘有大型彩色壁画。大慧寺的 28 尊彩绘塑像，惟妙惟肖，绘塑精美，造型奇伟罕见。有些与其他寺庙或壁画的造像特征相同，但大部分则独具特色。塑像色彩浓重的妆銮，以朱砂、黄丹、石青、石绿、赭石等天然矿石原料为主，并大量采用赤金、白银，从而形成富丽辉煌、金彩璀璨、富有装饰美的艺术效果。因此，大慧寺的彩塑是明代雕塑的上乘之作，在中国雕塑艺术发展中占有重要地位。大慧寺的大悲宝殿将明代的三大艺术，即建筑、彩塑和绘画相融合，具有较强的艺术魅力和观赏价值。

①大悲宝殿藻井

②梁檩上的旋子彩画与枋柱插头的彩色小佛

德国摄影师赫达·莫里逊早年时拍摄的大慧寺千手观音像

照片中是立于大悲宝殿正中的千手观音像。该像原是铜制，被毁后于 20 世纪 40 年代以木胎泥塑的方式重塑

③现存的一尊木胎泥塑千手千眼观世音菩萨及两尊胁侍菩萨

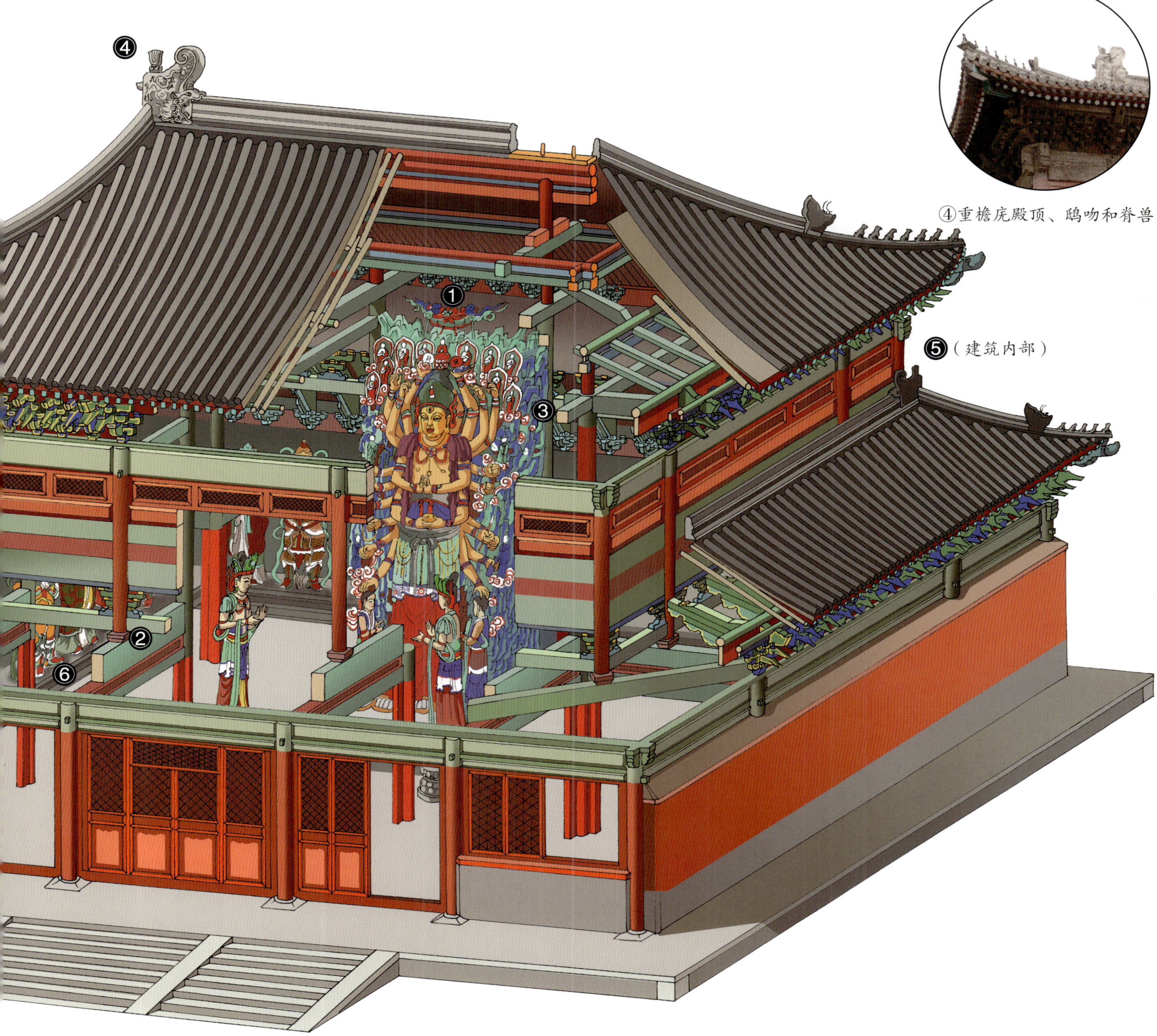

④重檐庑殿顶、鸱吻和脊兽

⑤⑥大慧寺大悲宝殿二十八诸天木胎泥塑彩绘像

⑦诸天像背后的彩色壁画（局部）

注：鸣谢北京市海淀区文物保护中心对大慧寺相关内容采编给予的大力支持。

①延绥阁位于万福阁西侧，形制大小与永康阁相同。阁内设有一座木作转轮藏，各面供奉坐佛

雍和宫万福阁

万福阁位于北京雍和宫内，是雍和宫的第五进大殿，也是最后一座正殿。万福阁主楼为三层，左为延绥阁，右为永康阁，这两阁均为两层，有飞廊与主阁相连。三阁浑然一体，外表飞金彩绘，极为雄浑壮伟。由于阁内墙中供有多达万尊的小佛像，故有“万佛阁”之称，又因“佛”与“福”音近，所以被称为万福阁。

万福阁中最令人瞩目的是被称为雍和宫“三绝”之一的弥勒佛巨型佛像，佛像用七世达赖进献给乾隆皇帝的整根珍贵白檀香木雕制而成，调动养心殿造办处的广木作、漆作、木作、雕銮作、如意馆等工匠会同中正殿造办佛像的喇嘛工匠共同策划、雕造、施工。据记载，由于佛像巨大，所以建造过程中确定一面砌佛座，一面雕刻佛像，雕好后再安置佛像于座上，待这一切都安置妥当，再建万福阁。最终于乾隆十八年（1753年）制成，距今已270余年。建成后的弥勒佛像总高26米，地上18米，地下8米，直径8米，立于汉白玉须弥座上，手持哈达，体态巍峨。雕刻大佛和建造万福阁，共耗银8万余两，赤金800多两。佛像落成后，仅给佛像制作一件披袍就用去黄缎1100米。

1990年8月，雍和宫万福阁弥勒大佛被载入吉尼斯世界纪录，成为独木雕刻佛像世界之最。

②③飞廊位于万福阁两翼，与左右较低的延绥阁及永康阁相连。这种建筑多见于古画，实物传世甚少

⑦迈达拉佛，即弥勒大佛，又称独木大佛，由整根白檀香木雕刻而成。整尊佛像地面上高18米，地下埋8米，巍然矗立于大殿之中

④万福阁匾额

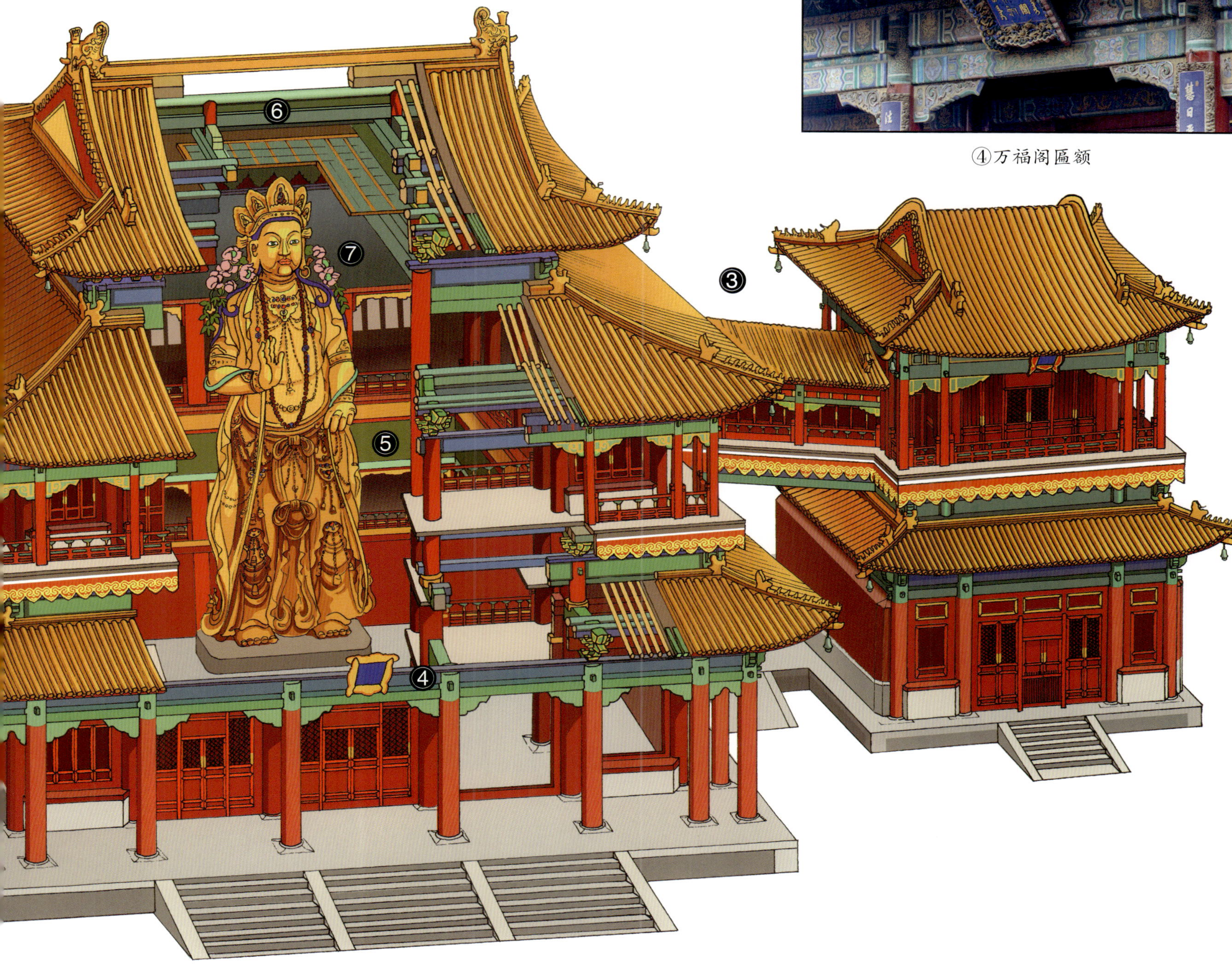

⑤万福阁上层檐下匾额“圆观并应”，中层檐下匾额“净域慧因”，均为乾隆御笔

⑥佛像头部直顶最上层阁楼的彩绘藻井

北海小西天极乐世界

北海小西天极乐世界始建于清乾隆三十三年（1768 年），建成于清乾隆三十五年（1770 年），是乾隆皇帝为母亲孝圣皇太后祝寿祈福而建的。主体建筑为极乐世界殿，总面积达 1200 平方米，其横梁跨度 13.5 米，是中国最大的方亭式宫殿建筑。殿四面窗扉、槅扇细镂花纹，殿内高处悬挂金匾，上书“极乐世界”为乾隆御笔，上方为金光灿灿的八角穹隆团龙藻井。殿四面环水，有桥可通，东西南北各有琉璃牌坊一座，四角各有一座小方亭，正南面有一道月牙河，上架一座雕栏石桥。殿内原有南海普陀泥塑一座，山上布有 226 尊罗汉佛像，山下绘满海水，以象征佛界普陀胜境，故有“罗汉山”和“海岛”之称。

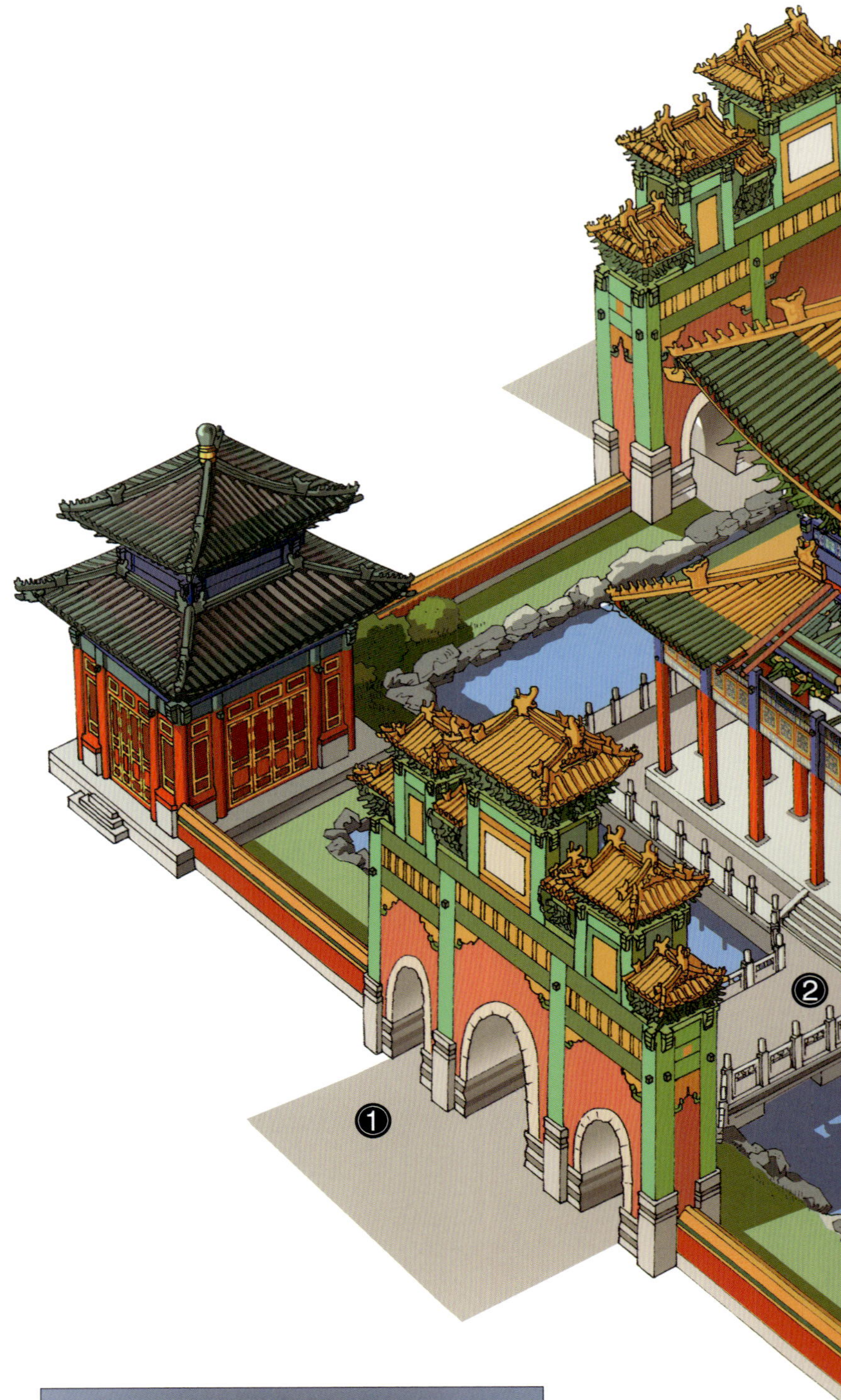

须弥山上的彩绘罗汉及仙人形象神态各异，惟妙惟肖

①小西天东南西北四个方向各自竖立一座三洞四柱七楼的琉璃牌坊

②中央大殿象征须弥山，四面环水，四方各有一座小桥向外联络，外周砌红墙围绕

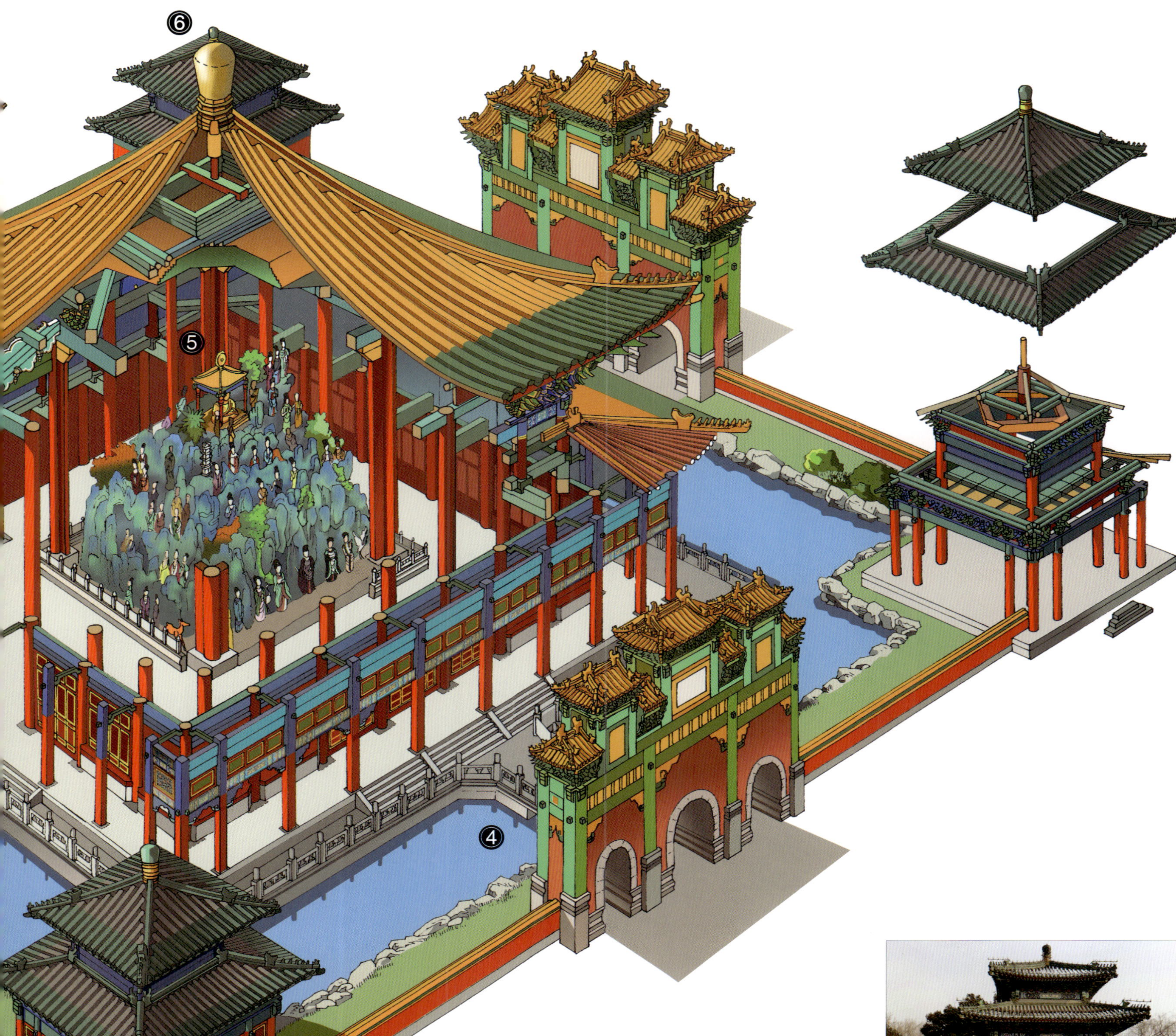

③小西天四隅各建造一座攒尖重檐角亭拱卫，象征佛教四大部洲

④南面“证功德水”琉璃门外有一座汉白玉石桥通向圣域之外

⑤殿内88根红色巨柱支撑，顶部有八角穹隆式团龙藻井

⑥镏金宝顶在阳光下熠熠生辉

图书在版编目（CIP）数据

文明之光：中国古代建筑艺术图典 / 张涛编著；于继东绘. — 北京：北京出版社，2023.5
ISBN 978-7-200-17914-9

Ⅰ. ①文… Ⅱ. ①张… ②于… Ⅲ. ①古建筑—建筑艺术—中国—图集 Ⅳ. ①TU-092.2

中国国家版本馆CIP数据核字(2023)第071269号

文明之光
中国古代建筑艺术图典
WENMING ZHI GUANG
张涛 编著 于继东 绘

*

北京出版集团
北京出版社
出版

（北京北三环中路6号）
邮政编码：100120

网址：www.bph.com.cn
北京出版集团总发行
新华书店经销
北京雅昌艺术印刷有限公司印刷

*

265毫米×350毫米 6印张 18千字
2023年5月第1版 2023年5月第1次印刷
ISBN 978-7-200-17914-9
定价：98.00元
如有印装质量问题，由本社负责调换
质量监督电话：010-58572393
责任编辑电话：010-58572346